AF119037

BEI GRIN MACHT SICH IHR WISSEN BEZAHLT

- Wir veröffentlichen Ihre Hausarbeit,
  Bachelor- und Masterarbeit

- Ihr eigenes eBook und Buch -
  weltweit in allen wichtigen Shops

- Verdienen Sie an jedem Verkauf

Jetzt bei www.GRIN.com hochladen
und kostenlos publizieren

Andreas Wolf

Unterrichtseinheit: Quadratische Funktionen - Weitsprung (11. Klasse)

GRIN Verlag

Bibliografische Information der Deutschen Nationalbibliothek:

Die Deutsche Bibliothek verzeichnet diese Publikation in der Deutschen National-
bibliografie; detaillierte bibliografische Daten sind im Internet über http://dnb.d-
nb.de/ abrufbar.

Impressum:

Copyright © 2005 GRIN Verlag GmbH
Druck und Bindung: Books on Demand GmbH, Norderstedt Germany
ISBN: 978-3-640-20387-1

Dieses Buch bei GRIN:

http://www.grin.com/de/e-book/59944/unterrichtseinheit-quadratische-funktionen-
weitsprung-11-klasse

GRIN - Your knowledge has value

Der GRIN Verlag publiziert seit 1998 wissenschaftliche Arbeiten von Studenten, Hochschullehrern und anderen Akademikern als eBook und gedrucktes Buch. Die Verlagswebsite www.grin.com ist die ideale Plattform zur Veröffentlichung von Hausarbeiten, Abschlussarbeiten, wissenschaftlichen Aufsätzen, Dissertationen und Fachbüchern.

Besuchen Sie uns im Internet:

http://www.grin.com/

http://www.facebook.com/grincom

http://www.twitter.com/grin_com

Studienseminar für berufliche Schulen in Wiesbaden

Unterrichtsentwurf zum dritten Unterrichtsbesuch im Unterrichtsfach Mathematik und im Fach Erziehungs- und Gesellschaftswissenschaft

Thema der Unterrichtsreihe: Quadratische Funktionen

Thema der Unterrichtsstunde: Weitsprung

Schulform: Berufliches Gymnasium Fachrichtung
                               Wirtschaft

Klasse: 11 BG A

Fach: Mathematik

Datum: 11.11.2005

Uhrzeit: 13.45 – 14.30 Uhr (8. Unterrichtsstunde)

Raum: 157

Ausbildungsschule:

Eingereicht von: Andreas Wolf

1.   Lehr- und Lernbedingungen

Die geplante Unterrichtsstunde findet am 11.11.2005 von 13.45 – 14.30 Uhr im Beruflichen Gymnasium der Fachrichtung Wirtschaft in der Klasse 11 A statt. Seit Anfang des Schuljahres 2005/2006 bin ich pro Woche vier Stunden doppelt besetzt in dieser Klasse im Fach Mathematik eingesetzt.

Rahmenbedingungen der Klasse: Die Klasse BG 11 A wurde zu Beginn des Schuljahres 2005/2006 neu zusammengestellt. Die Klasse setzt sich zu etwa gleichen Teilen aus Schülerinnen und Schülern zusammen. Die Schüler[1] sind zwischen 16 und 19 Jahren alt – eine für eine Gymnasialklasse recht heterogene Altersstruktur – was aber im Unterricht nicht weiter auffällt und deswegen auch keiner besonderen Berücksichtigung bedarf. Mit Ausnahme einer Schülerin kommen die Schüler zu je relativ gleichen Teilen von drei Schulen. Da auch einige Schüler in ihrer Schulzeit zwischen diesen Schulen wechselten, kannten sich die Schüler schon zu Beginn relativ gut und sind schnell zu einer Einheit zusammen gewachsen, sodass ich meinen Schwerpunkt am Anfang des Schuljahres auf die Kompensation fachlicher Inhalte gelegt habe. Zwei Schüler sind erst nach den Herbstferien in die Klasse gekommen, weil sie zunächst die 11. Klasse an der benachbarten A -Schule begonnen haben, ihnen aber die Fachrichtung nicht zugesagt hat, und haben schon gut Anschluss zu ihren neuen Klassenkameraden gefunden. Lediglich eine Schülerin fällt aus dieser Einheit ein wenig heraus und kapselt sich ein wenig ab, was zum einen an ihren teils relativ speziellen Interessen – ihr Berufswunsch ist z. B. Bestatterin, sie lernt japanisch – und ihrem äußeren Erscheinungsbild (blaue Haare) liegen kann, zum anderen aber auch daran, dass sie nach ihrem Realschulabschluss ein Praktikumsjahr eingelegt hat, also nicht sofort an eine weiter führende Schule gegangen ist, bisher (zumindest in meinem Unterricht) relativ häufig fehlt und sich überhaupt gerne ein wenig zurückzuziehen scheint, z. B. bezeichnet sie sich selbst als verträumt. Die Gruppenarbeitsphase in der geplanten Unterrichtsstunde soll gerade den zwei neuen Schülern und der genannten Schülerin die Möglichkeit geben, mit anderen zu kommunizieren und in Kontakt zu treten, um sich integrieren zu können.

Die Schüler haben innerhalb kurzer Zeit einen guten Draht zueinander und auch zu mir entwickelt, sodass im Unterricht im Allgemeinen eine angenehme, ungezwungene und somit meiner Meinung nach lernförderliche Atmosphäre vorherrscht. Zuletzt sind leider immer häufiger Störungen von zwei Schülerinnen ausgegangen, die sich privat aufgrund des gemeinsamen

---

[1] Um einen besseren Lesefluss zu ermöglichen, wird auf eine geschlechtsspezifische sprachliche Differenzierung verzichtet.

Hobbys Hockey besonders gut kennen und gerne miteinander schwätzen. Als die ersten Störungen von diesen beiden Schülerinnen aufgetreten sind, habe ich nicht konsequent genug eingegriffen, sodass ich jetzt auf eventuelle Störungen umso sensibler reagieren muss.

Methodische und thematische Vorkenntnisse: Von den 25 Schülern der Klasse 11 BG A kommen dreizehn von der Realschule, die anderen zwölf waren bereits in der 10. Klasse im Gymnasium. Dieser für das berufliche Gymnasium relativ hohe Anteil an Schülern, die direkt vom Gymnasium kommen, ist seit Beginn des Schuljahres deutlich zu spüren, da die Schüler sich relativ schnell in die Inhalte einarbeiten können und auch relativ wenige Probleme beim selbständigen Bearbeiten von Aufgaben haben. Überhaupt würde ich sagen, dass die Vorbildung der Schüler alle mathematischen Grundlagen umfasst, die bis zur Mittleren Reife erlangt werden sollen. Die Auswertung der ersten Klassenarbeit bestätigt meinen Eindruck. Der Schnitt der Arbeit lag bei 9,1 Notenpunkten, und von den 22 Schülern, die die Arbeit mitgeschrieben haben, haben vier Schüler 14 Punkte und vier weniger als fünf Punkte. Die anderen Schüler verteilen sich gleichmäßig auf sechs bis zwölf Notenpunkte, sodass man insgesamt von normal verteilten Leistungen sprechen kann.

Im meinem bisherigen Unterricht in dieser Klasse hat es noch keine Gruppenarbeitsphasen gegeben. Dies hat im Wesentlichen damit zu tun, dass bis zur geplanten Unterrichtsstunde aus verschiedenen Gründen nur verhältnismäßig wenige Unterrichtsstunden zur Verfügung standen. Aus diesem Grund und auch, weil der Teambildungsprozess in der Klasse schon weit vorangeschritten ist, habe ich zunächst wie bereits erwähnt meinen Schwerpunkt auf fachliche Bereiche gelegt. Zum Teil habe ich fragend-entwickelnd unterrichtet, die meiste Zeit wurde allerdings zu Einzel- bzw. Partnerarbeit genutzt. Die mediale Kompetenz bzw. die Kunst, seine Ergebnisse zu kommunizieren und zu vertreten, wurde in vielen kleineren Präsentationsphasen gefördert. Insbesondere bei der Darstellung von Ergebnissen auf Folien und dem Vortragen von Lösungen zeigen sich manche Schüler schon sehr geübt. In der geplanten Unterrichtsstunde möchte ich testen, inwieweit die Schüler fähig sind, produktiv in einem Team zusammenzuarbeiten.

Lernbereitschaft und -fähigkeit: Die Lernbereitschaft der 10 BG A stufe ich ziemlich hoch ein. Viele haben sich als Ziel gesetzt, dass Abitur bestmöglich und im Jahr 2008 zu machen, um ihre Traumberufe studieren zu können. Im Unterricht macht sich diese Einstellung bisher dadurch bemerkbar, dass ich Arbeitsaufträgen keinen Nachdruck verleihen muss, die Schüler also nicht wiederholt auffordern muss, mit dem Arbeiten zu beginnen, die Schüler häufig gezielte Nachfragen und auch weiter führende Fragen stellen und sich lebhaft durch Beiträge am

Unterricht beteiligen. Bei zurückhaltenden Schülern kann ich anhand von schriftlichen Ausführungen deutlich erkennen, dass sie mitdenken bzw. mitarbeiten. Auch die Erledigung von Hausaufgaben wurde von keinem Schüler vernachlässigt, wie ich durch Kontrollen feststellen konnte.

Ungünstig für den geplanten Unterricht ist, dass er freitags in der 8. Stunde stattfindet. Die Schüler sind seit 7:45 Uhr in der Schule, sind eventuell durch den langen Schultag oder auch die Schulwoche ausgelaugt und freuen sich aufs Wochenende. Die Lage der Unterrichtsstunde wird vermutlich verhindern, dass die Schüler mit voller Konzentration arbeiten können. Für mich bedeutet es, dass ich ein wenig nachsichtiger und verständnisvoll sein muss, wenn die Schüler nicht hundertprozentig konzentriert und aufmerksam sind. Gerade aber auch deswegen halte ich die Gruppenarbeit für die geplante Stunde für besonders sinnvoll. Die Schüler müssen einerseits gut arbeiten, können sich andererseits aber kurze Erholungsphasen gönnen.

2. Einordnung der Unterrichtsstunde

Für den Unterricht im Beruflichen Gymnasium der PPC gibt es einen schulinternen Stoffverteilungsplan, der vorgibt, welche Unterrichtsinhalte in den Jahrgangsstufen 11, 12 und 13 in welchem Zeitraum bearbeitet werden sollen, damit die Schüler unterschiedlicher Kurse den gleichen Ausbildungsstand erreichen können. Die Jahrgangsstufe 11 dient als so genannte Kompensationsphase, um die von verschiedenen Schulen und Schularten kommenden Schüler auf einen gemeinsamen Stand zu bringen. Im ersten Halbjahr der Jahrgangsstufe 11 sollen aus der Sekundarstufe I wichtige Begriffe der Analysis wiederholt werden. Zu Beginn wurden Zahlenmengen, Intervalle, Relationen, der Funktionsbegriff, die graphische Darstellung von Funktionen und abschnittsweise definierte Funktionen behandelt. Anschließend wurden linearen Funktionen (begriffliche Klärung, Funktionsgleichung, graphische Darstellung im Koordinatensystem, gegenseitige Lage zweier Geraden – Schnittpunkt, Schnittwinkel, Parallelität, Orthogonalität – sowie Mittelpunkt und Länge einer Strecke) thematisiert, ehe dann in der letzten Stunde vor den Ferien die erste Klassenarbeit geschrieben wurde. Die erste Stunde nach den Ferien fiel aus, weil die Schüler von der Schule über die Qualifikationsphase informiert wurden. Vor einer Woche habe ich die Klassenarbeit zurückgegeben, die Korrektur besprochen und durch die Überlegung, wo überall in unserer Umwelt Parabeln vorkommen, das Thema quadratische Funktionen begonnen. In der letzten Stunde haben wir uns mit der Normalform einer quadratischen Funktion, der Konstruktion von Funktionsgraphen und deren Eigenschaften (Öffnung, Streckung/Stauchung, Verschiebung) beschäftigt. Die Scheitelpunktbestimmung sowie die Berechnung der Nullstellen wurden angesprochen, allerdings noch nicht hinreichend geübt. Als Hausaufgabe sollten die Schüler Scheitelpunkte aus Graphen ablesen sowie aus Funktionsgleichungen bestimmen. Zu Beginn der Stunde vor dem Unterrichtsbesuch werde ich die Hausaufgaben vortragen bzw. besprechen lassen. Anschließend soll von den Schülern eine Anwendungsaufgabe bearbeitet werden. Dabei soll das Erkennen von Parabeln gefördert werden, aus vorgegebenen Eigenschaften eine quadratische Funktion bestimmt werden (also das Lösen eines linearen Gleichungssystems in einem neuen Zusammenhang), die Nullstellenbestimmung geübt werden und in der letzten Teilaufgabe der kritische Umgang mit Modellen gefördert werden. Als didaktischer Puffer stehen innermathematische Aufgaben zur Verfügung. Die nächste Doppelstunde soll auch schon die letzte zum Thema quadratische Funktionen sein. Wiederum anhand von Anwendungsaufgaben sollen Extremalprobleme gelöst werden, die Scheitelpunktbestimmung wird folglich in einem neuen Kontext eingeübt, wobei auch die Schnittpunktbestimmung trainiert werden soll.

3.   Didaktisch-methodische Begründung

Im folgenden Kapitel möchte ich die Vorgehensweise in der geplanten Unterrichtsstunde erklären und begründen. Zunächst gehe ich auf die Aufgaben des Arbeitsblattes ein.

Der Lehrplan für das Unterrichtsfach Mathematik fordert für die 11. Klasse, dass „die charakteristischen Funktionseigenschaften an wichtigen Beispielen bestimmter Funktionsklassen herausgearbeitet und vor allem unter dem Modellbildungsaspekt mathematischer Funktionen im Zusammenhang mit typischen Anwendungen behandelt werden." Vor diesem Hintergrund und der nach wie vor aktuellen Diskussion über offene Aufgaben mit Anwendungsbezug im Mathematikunterricht habe ich die Aufgabe ausgewählt. Die Aufgabe beinhaltet eine sportliche Problemstellung, die nicht unbedingt typisch ist, aber real sein könnte: Eine erfolgreiche Leichtathletin möchte herausfinden, wie weit sie auf einer Videoaufzeichnung in ihrer Jugend gesprungen ist. Das Problem ist, dass die Videoaufnahme nur den ersten Teil des Sprunges zeigt. In diesem Zusammenhang werden die Lernenden noch nicht mit einer Extremwertaufgabe konfrontiert, da ich nicht weiß, ob dies dann zu viel Anspruch auf einmal wäre. In der nachfolgenden Stunde des Unterrichtsbesuchs sollen weitere Anwendungsaufgaben folgen, die dann ökonomische Extremalprobleme und weitere Problemstellungen aus dem Bereich des Sports aufgreifen. Bei der Auswahl der Aufgabe für die geplante Unterrichtsstunde habe ich mich bewusst zunächst einmal für eine sportliche Problemstellung entschieden. Zwar stehen die Jugendlichen normalerweise nicht vor dem Problem, dass sie anhand einer schlechten Videoaufzeichnung ihre Sprungweite bestimmen müssen, dennoch berücksichtigt die Aufgabe die Erfahrungswelt der Schüler, da alle Schüler zumindest schon in der Schule Weitsprung gemacht haben und sicher schon viele Weitsprünge beobachten konnten. Hierdurch gewinnt die Aufgabe an Anschaulichkeit. Der außermathematische Kontext verdeutlicht in diesem Zusammenhang, dass Mathematik nicht nur zum reinen Selbstzweck betrieben wird, sondern zum Lösen interessanter Fragestellungen sinnvoll eingesetzt werden kann. Die von mir ausgewählte Aufgabe ist eine offene Aufgabe, die nach Leuders als Problemaufgabe[2] klassifiziert wird. Es herrscht Klarheit über die Ausgangssituation, es ist aber für die Schüler noch nicht absehbar, wie die Lösung aussieht und welcher Weg dorthin führt. Aus methodischer Sicht habe ich daher die Gruppenarbeit als Sozialform gewählt. Die Gruppenarbeit bietet hierbei im Rahmen der offenen Aufgabe den Vorteil, dass die Gruppenmitglieder entweder über verschiedene Ansätze diskutieren und sich schließlich auf einen Lösungsweg einigen können oder aber zumindest ihre Probleme im Lösungsprozess erkennen. Ich werde Gruppen bilden, die in sich heterogen sind, d. h. aus starken und schwachen Schülern bestehen, sodass die stärkeren Schüler den schwächeren helfen können. Da ich von der Klasse 11 BG A noch nie eine derart offene Anwendungsaufgabe habe bearbeiten lassen, möchte ich ihnen viel Zeit einräumen, sich mit der Problemstellung zu beschäftigen. Ich kalkuliere mit insgesamt ca. 45 Minuten. Sie können diese Zeit nutzen, um in verschiedenste Richtungen zu denken und unterschiedliche Wege auszuprobieren. Für den Fall, dass die Schüler keinen Schritt weiter kommen, habe ich gestufte Hilfestellungen vorbereitet. Obwohl die Gruppen durch ihre leistungsheterogene Zusammensetzung ungefähr die gleichen Voraussetzungen haben, habe ich auf diese Weise die Möglichkeit, die Gruppen unterschiedlich – je nach Bedarf – zu unterstützen, indem ich ihnen dosierte Hilfestellungen bzw. Impulse gebe. Die ersten drei Hilfestellungen geben zunächst keine Lösungen vor, sondern lediglich Tipps, die die Schüler der Lösung des Problems näher bringen können. Die letzten drei Tipps enthalten dagegen schon echte Lösungshinweise. Wenn ich merke, dass eine Gruppe überhaupt nicht vorankommt, werde ich Lösungshinweise ausgeben.

Die Aufgabenstellung bzw. die Arbeitsaufträge sollen den Bildungsstandards der Kultusministerkonferenz genügen. Da in der Aufgabe die Leichtathletin Claudia R. bereits Daten (Höhe und Weite) anhand der Videoaufzeichnung in einer Tabelle gesammelt hat, ist das Problem eigentlich schon mathematisch dargestellt bzw. modelliert (K4 Mathematische Darstellungen verwenden), deswegen auch die Aufforderung, zwei andere Darstellungen für die Flugbahn des Sprunges zu finden. Eine wichtige Erkenntnis könnte beim Zeichnen der Werte in ein Koordinatensystem entstehen. Die Schüler könnten feststellen, dass die Flugbahn parabelförmig

---

[2] Büchter, Leuders: Mathematikaufgaben selbst entwickeln – Lernen fördern, Leistung überprüfen, Cornelsen 2005, S. 93.

ist und so den Lösungsansatz über die quadratische funktionale Beziehung erkennen. Wenn die Schüler beide Darstellungsweisen entdeckt haben, also die Flugbahn graphisch als auch als Gleichung dargestellt haben, können sie die berechneten Ergebnisse mit Hilfe der anderen Darstellungsweise überprüfen bzw. kontrollieren (K5 Mit symbolischen, formalen und technischen Elementen der Mathematik umgehen). Die Aufforderung, die heuristischen Strategien zu dokumentieren und anschließend zu präsentieren, fördert zunächst einmal innerhalb der Gruppenarbeit den Argumentationsaustausch (K1 Mathematisch argumentieren). Es werden Vermutungen aufgestellt, die auch mathematisch begründet werden müssen, um Bestand zu haben. Bei der Erstellung der Lösungsfolie und der Dokumentation der Vorgehensweise auf Papierbogen müssen die Schüler klären, wie sie ihre Überlegungen verständlich darstellen können, damit ihre Ideen auch ihren Mitschülern zugänglich sind (K6 Kommunizieren). Die letzte Aufgabe fragt danach, ob der Einsatz des Modells, hier der quadratischen Funktion, sinnvoll ist. Die Schüler werden dabei gefordert zu überprüfen, ob die Annahmen des Modells erfüllt sind, und wenn die Angaben nicht erfüllt sind, ob das Modell dennoch zuverlässige Lösungen verspricht (K3 Mathematisch modellieren). Diese Überlegungen können sogar den positiven Effekt mit sich bringen, dass auch die Lösungswege nochmalig reflektiert werden und überprüft wird, ob sie stimmig sind (K2 Probleme mathematisch lösen).

Eng verbunden mit den Kompetenzen sind die Leitideen, die den geplanten Unterricht durchziehen. Die Leitidee Messen (L2) kommt erstmals zum Tragen, wenn die gegebenen Daten in ein Koordinatensystem eingetragen werden. So müssen die Abstände der Koordinaten zur Ordinate bzw. Abszisse gemessen werden, um die Punkte richtig eintragen können. Werden die Ergebnisse der beiden Darstellungsformen Graphik und Funktionsgleichung miteinander verglichen bzw. kontrolliert, so können die Ergebnisse im Koordinatensystem durch Messen bzw. Schätzen nachempfunden werden. Bei der Plausibilitätsüberprüfung der Ergebnisse aus der Funktionsgleichung bzw. der Parameter der Funktionsgleichung kommt die Leitidee Zahl (L1) ins Spiel. Die Rechenoperationen werden umgestellt, es wird versucht, möglichst einfach bzw. vorteilhaft zu rechnen und es wird überschlagen bzw. geschätzt, ob die gefundenen Zahlen zutreffend sein können. Die im geplanten Unterricht eindeutig im Vordergrund stehende Leitidee ist die des funktionalen Zusammenhangs (L4). Die Schüler nutzen Funktionen, um Zusammenhänge aufzuzeigen, und sollen diese Zusammenhänge auch in einer anderen Darstellungsform, in einer Wertetabelle, erkennen. Weiterhin müssen die Schüler ein Lösungsgleichungssystem graphisch lösen, dabei Gleichungen nach verschiedenen Variablen auflösen und überlegen, ob es ihnen überhaupt möglich ist, die drei Unbekannten zu bestimmen. Gleich zu Beginn der Aufgabe ist ein wesentlicher Schritt, dass die Schüler entweder durch bloße Vorstellung der Flugbahn des Weitsprungs oder durch den anhand der Daten erstellten Graphen erkennen, dass die Flugbahn parabelförmig ist und somit ein quadratischer funktionaler Zusammenhang besteht.

In der Stunde vor dem Unterrichtsbesuch werde ich die Schüler zunächst begrüßen, einer Schülerin die Nachholarbeit zurückgeben und über den Ablauf der Doppelstunde informieren. Anschließend werde ich mit ihnen die Hausaufgaben besprechen. Hier geht es um das Erkennen von Parabelgleichungen aus Graphen, der Bestimmung der Scheitelform sowie das Zeichnen eines Graphen ohne Wertetabelle, d. h. aus den Informationen einer Gleichung. Diese Informationsphase versuche ich möglichst kurz zu halten, um viel Zeit für die Gruppenarbeitsphase zu haben, da ich absolut nicht einschätzen kann, wie schwer bzw. wie leicht sich die Schüler mit dieser offenen Aufgabenstellung tun, und mir dieser Prozess aufgrund der oben erwähnten Kompetenzen sehr wichtig ist.

Wie bereits erwähnt, werde ich die Klasse in quantitativ sowie qualitativ gleich starke Gruppen einteilen. Sind doch einzelne Gruppen wesentlich schwächer als andere bzw. tun sich mit den Arbeitsaufträgen sehr schwer, kann ich mit Hilfeleistungen eingreifen und die jeweils gruppenspezifischen Prozesse unterstützen. Die Schüler sollen durch intensiven Austausch in die Lage geführt werden, sich selbst Wissen zu erarbeiten bzw. zu konstruieren. Sie sollen eigene Strukturen entwickeln, in der sie ihre Umwelt begreifen können. Dies gelingt am besten durch eine offene Lernumgebung, wie sie durch die Problemaufgabe gegeben ist. Durch die offene und in die Gruppe delegierte Aufgabenstellung steht die Schüleraktivität im Vordergrund.

An diese Arbeitsphase schließt sich die Präsentation der Gruppenergebnisse an. Jede Gruppe erstellt einen Papierbogen, auf dem sie ihre Vorgehensweise dokumentiert, und eine Folie mit den Lösungen der Aufgaben. Die ausgewählten Visualisierungsformen haben den Vorteil, dass die Ergebnisse und die Heuristiken parallel betrachtet werden können. Zudem könnten die Heuristiken zweier Gruppen durch Nebeneinanderhängen der Papierbögen miteinander verglichen werden. Zudem können die Handlungsprodukte auch in den folgenden Stunden zur Weiterarbeit genutzt werden. Wie viele Gruppen präsentieren, ist abhängig von deren Ergebnis. Wenn alle fünf Gruppen den gleichen Lösungsweg gewählt haben, werde ich zunächst nur eine Gruppe präsentieren lassen und anschließend die anderen Gruppen fragen, ob sie zum gleichen Ergebnis gekommen sind. Ist dies in einer Gruppe nicht der Fall, werden wir uns diesem Plakat widmen. Aufgrund der Offenheit des Arbeitsauftrages lässt sich der zu erwartende Zeitbedarf nur schwer prognostizieren. Ich habe mir deshalb zwei Alternativen überlegt: Wird die Zeit knapp, dann sollen die Schüler nur ihre Vorgehensweise bei der Lösung des Problems vorstellen. Werden die Schüler früher fertig, können sie in der verbleibenden Zeit weitere Übungsaufgaben bearbeiten und dabei in den Gruppen eventuelle Unklarheiten abklären.

Es wurden zwar bereits einige Ziele genannt, hier aber noch einmal die zentralen Ziele der Stunde:

- Mathematisierung und Lösung eines realen Problems

- Mathematisches Argumentieren

- Entwicklung heuristische Strategien

- Kritische Auseinandersetzung mit einem Modell

- Mathematische Zusammenhänge erkennen

- Einübung von Präsentationstechniken

- Bestimmung von quadratischen Funktionen anhand vorgegebener Eigenschaften

- Förderung von Kooperation im Rahmen der Teamarbeit

4.   Geplanter Verlauf der Unterrichtsstunde

Handlungsphase	Handlungsprozesse	Sozialform/ Handlungsmuster	Medien
Informieren I	• Begrüßung • Übersicht über die die Doppelstunde geben • Rückgabe einer Klassenarbeit • Austeilen von Arbeitsblättern an Schüler, die gefehlt haben	• Lehrer-Vortrag	
Informieren II	• Gemeinsame Besprechung der Hausaufgabe • Austeilen des Arbeitsblattes zum Thema „Weitsprung" • Erteilung des Arbeitsauftrages	• Plenum • Schülervortrag	• Folien • Overhead-Projektor • Folienstifte • Arbeitsblatt zum Thema „Weitsprung"
Planen	• Nachvollziehen der Arbeitsaufträge bzw. der Aufgabenstellungen • Gruppen besprechen ihre Vorgehensweise für die Bearbeitung der Arbeitsaufträge • Gruppen planen ihre Vorgehensweise beim Bearbeiten der Arbeitsaufträge bzw. ihren Lösungsweg	• Gruppenarbeit	• Arbeitsblatt zum Thema „Weitsprung" • Folien • Overhead-Projektor • Folienstifte • Papierbögen
Entscheiden	• Gruppen legen sich auf eine Vorgehensweise für die Bearbeitung der Arbeitsaufträge fest • Gruppen einigen sich auf einen Lösungsweg		
Ausführen	• Gruppen lösen die Aufgaben bzw. bearbeiten die Arbeitsaufträge • Gruppen erstellen die Folien und Papierbögen		
Präsentieren	• Ein bis zwei Gruppen präsentieren ihre Lösungen und heuristische Strategien • Die anderen Gruppen stellen ggf. Fragen	• Schülervortrag • Plenumsdiskussion	• Folie • Overhead-Projektor • Papierbögen

Bewerten	• Klasse gibt Feedbacks über die Präsentationen ab • Schüler diskutieren die vorgetragenen Lösungen und bringen eigene Ideen mit ein	• Plenum: Schüler-Schüler- bzw. Lehrer-Schüler-Gespräch	
Didaktischer Puffer	• Schüler bearbeiten innermathematische Aufgaben zur Übung	• Einzelarbeit	• Übungsblatt mit innermathematischen Aufgaben

Anmerkung: Zu Beginn des Unterrichtsbesuchs (8. Unterrichtsstunde) dürfte sich die Klasse in der Ausführungsphase befinden.

1. Bestimmen Sie die Gleichungen der abgebildeten Parabeln, die jeweils durch Verschiebung und Streckung aus der Normalparabel gewonnen wurden.

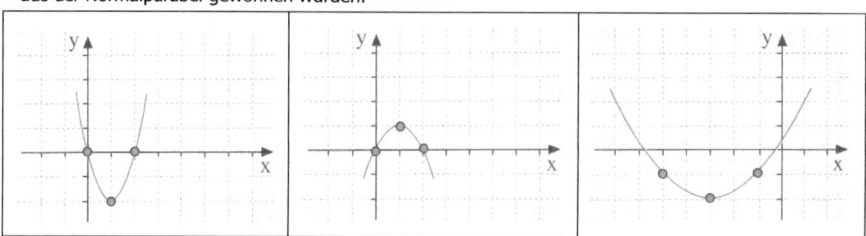

2. Bestimmen Sie die Gleichung der in y-Richtung verschobenen Normalparabel, die durch den Punkt P geht.

   a. P(1|8)   b. P(-2|1)

3. Bestimmen Sie die Nullstellen und den Scheitelpunkt der folgenden Funktionen! Geben Sie die Scheitelpunktform an, falls die Normalform gegeben ist! Zeichnen Sie die Funktionen der Aufgaben b, d und f.

   a. $f(x) = 3x^2 - 15x + 18$ b. $f(x) = \frac{1}{2}x^2 + \frac{3}{2}x - 2$

   c. $f(x) = 2x^2 - 6x + 12$ d. $f(x) = 0{,}2x^2 + x + 1{,}2$

   e. $f(x) = 4(x - 3)^2 - 4$ f. $f(x) = (x - 4)^2 - 16$

   g. $f(x) = 2x^2 - 5$ h. $f(x) = 2[(x + 2)^2 - 8]$

4. Welchen Scheitelpunkt hat der Graph der Funktion f? Welche Abbildungen muss man hintereinander ausführen, um die Normalparabel in den Graphen von f zu überführen?

   a. $f(x) = 2(x + 1)^2 - 7$ b. $f(x) = -(x - 2{,}5)^2$

   c. $f(x) = 5x^2 + 0{,}8$ d. $f(x) = -5(x^2 + 0{,}8)$

   e. $f(x) = -(5x^2 + 0{,}8)$ f. $f(x) = -5(x + 0{,}8)^2$

5. Der Graph von $f(x) = x^2 - 2x - 2$ soll in den Graphen von $g(x) = x^2 + 5x + 1{,}75$ überführt werden. Welche Verschiebungen sind erforderlich?

6. Welche Bedingungen müssen die Koeffizienten a, b und c erfüllen, damit der Graph zu $f(x) = a \cdot x^2 + b \cdot x + c$

   a. genau eine   b. genau zwei   c. keine Nullstelle hat?

7. Prüfen Sie, ob die Gerade g Sekante, Passante oder Tangente der Parabel $f(x) = 2x^2 - 3x + 2$ ist.

   a. $g(x) = x$ b. $g(x) = 3x - 3$

   c. $g(x) = 3x - 2$ d. $g(x) = 5x - 2b$

8. Die folgenden Funktionen sollen gezeichnet werden. Überlegen Sie sich, welche Informationen man über den Verlauf des Graphen ohne Berechnung direkt aus dem Funktionsterm entnehmen kann und notieren Sie sich diese. Wenn nicht ablesbar, so ermitteln Sie wichtige Punkte wie die Achsenschnittpunkte und den Scheitelpunkt. Zeichnen Sie anschließend den Graphen ohne Wertetabelle.

a. $f(x) = 2(x - 2)(x + 3)$ b. $h(x) = 0,5(x + 3)^2 + 3$ c. $g(x) = -x^2 - 3x + 4$

9. Welche quadratische Funktion

a. verläuft durch den Punkt P(2/3) und besitzt den Scheitelpunkt SP(-3/-4)?

b. verläuft durch den Punkt P(-4/-2) und besitzt die Nullstellen 5 und -3?

c. verläuft durch die Punkte A(1/5), B(-1/13) und C(0/8)?

SITUATION:

Bei jedem Weitsprungtraining macht der Trainer von Claudia R., einer erfolgreichen 20-jährigen Leichtathletin, Videoaufzeichnungen von ihren Sprüngen, die sie anschließend mit einer speziellen Software unter anderem hinsichtlich Absprunggeschwindigkeit, Absprungswinkel, Sprungweite und Sprungtechnik analysieren. Beim Kramen in alten Videoaufzeichnungen ist Claudia R. auf ein Video gestoßen, das sie im Alter von 15 Jahren beim Weitsprung zeigt. Leider wurde die Videokamera wohl unpassend aufgestellt, sodass nur der erste Teil des Sprunges zu sehen ist und Claudia gar nicht sehen kann, wie weit sie damals gesprungen ist. Als ehrgeizige Sportlerin will sie aber unbedingt wissen, wie weit sie als 15-Jährige gesprungen ist, um ihre sportliche Entwicklung feststellen zu können.

Sie erinnert sich an ihren damaligen Matheunterricht in der 11. Klasse der PPC und denkt sich, dass es doch ein Leichtes sein muss herauszufinden, wie weit sie als Jugendliche gesprungen ist. Hierzu entnimmt sie der Videoaufzeichnung Daten über die Weite und Höhe (gemessen am Schwerpunkt des Körpers, etwa Nabelhöhe) des zu sehenden Teils ihres Sprunges und hält sie in einer Tabelle fest:

Weite in m	0	0,5	1	1,5	2	2,5
Höhe in m	0,90	1,07	1,18	1,23	1,22	1,15

ARBEITSAUFTRÄGE:

Lösen Sie in den festgelegten Gruppen die drei Aufgaben und erstellen Sie eine Lösungsfolie.

Dokumentieren Sie auf dem Papierbogen Ihre mathematische Vorgehensweise (heuristische Strategien), also wie Sie versucht haben, die Aufgabenstellung zu lösen.

Bereiten Sie sich auf eine Präsentation Ihrer Lösungsfolie bzw. Ihres Papierbogens vor.

AUFGABEN:

1. Beschreiben Sie die Flugbahn des Sprunges durch zwei andere mathematische Darstellungsformen!

2. Wie weit ist Claudia R. als 15-Jährige gesprungen?

3. Inwieweit halten Sie das von Ihnen verwendete mathematische Modell für sinnvoll, um die Frage nach der Weite des Sprunges zu lösen? Meinen Sie, dass Claudia r. tatsächlich so weit gesprungen ist, wie Sie es herausgefunden haben?

Lösungshinweise:

1. Tragen Sie die gegebenen Werte des Sprunges in ein Koordinatensystem ein und verbinden Sie diese. Welche Form hat die Kurve? Versuchen Sie, diese Kurve fortzuführen.

2. Die parabelförmige Flugbahn lässt sich durch die allgemeine Gleichung $f(x) = a \cdot x^2 + b \cdot x + c$ beschreiben. Kennen Sie also die Koeffizienten a, b und c, so können Sie die Funktionsgleichung aufstellen.

3. Da Sie für die Gleichung $f(x) = a \cdot x^2 + b \cdot x + c$ die drei unbekannten Parameter a, b und c bestimmen müssen, brauchen Sie drei verschiedene Angaben in Form von Punktkoordinaten (x/h(x)), die Sie jeweils in die allgemeine Gleichung für die quadratische Funktion einsetzen müssen.

4. Sie haben jetzt ein lineares Gleichungssystem der folgenden Form erhalten:

    Punkt 1 $(x_1 / h(x_1))$ liefert: (I) $h(x_1) = a \cdot x_1^2 + b \cdot x_1 + c$

    Punkt 2 $(x_2 / h(x_2))$ liefert: (II) $h(x_2) = a \cdot x_2^2 + b \cdot x_2 + c$

    Punkt 3 $(x_3 / h(x_3))$ liefert: (III) $h(x_3) = a \cdot x_3^2 + b \cdot x_3 + c$

    Dieses Gleichungssystem können Sie jetzt z. B. mit dem Einsetzungsverfahren, dem Additionsverfahren oder dem Gleichsetzungsverfahren lösen.

5. Setzen Sie z. B. die drei Punkte (0/0,9), (0,5/1,07) und (1/1,18) in die allgemeine Gleichung für die quadratische Funktion ein. Dann erhalten Sie folgendes Lösungsgleichungssystem:

    (I) $0,9 = a \cdot 0^2 + b \cdot 0 + c$ $\Rightarrow c = 0,9$

    (II) $1,07 = a \cdot 0,5^2 + b \cdot 0,5 + c$

    (III) $1,18 = a \cdot 1^2 + b \cdot 1 + c$

    Da Gleichung I c = 0,9 ergibt, können Sie den Parameter c in Gleichung II und Gleichung III durch den Wert 0,9 ersetzen. Anschließend können Sie Gleichung II oder III nach a oder b auflösen und wiederum in die andere Gleichung einsetzen. Somit können Sie auch die Werte für die Parameter a und b berechnen und schließlich die Gleichung für die Flugbahn des Sprunges aufstellen, indem Sie die gefundenen Werte für a, b und c in die allgemeine Gleichung für die quadratische Funktion einsetzen.

6. Bei der Landung des Weitsprungs ist die Höhe 0. Sie können folglich die Sprungweite herausfinden, indem Sie die Nullstelle der Funktion h(x) berechnen.